Bodenbildung und ihre Einflussfaktoren. Ein Überblick über die Pedogenese und die Pedosphäre

J. Michel

Bibliografische Information der Deutschen Nationalbibliothek:

Die Deutsche Nationalbibliothek verzeichnet diese Publikation in der Deutschen Nationalbibliografie; detaillierte bibliografische Daten sind im Internet über http://dnb.d-nb.de abrufbar.

ISBN: 9783389070550
Dieses Buch ist auch als E-Book erhältlich.

Abstract

This paper first defines the pedoshere, locates it between the other spheres of the earth and schematically describes the soil forming process. Subsequently the soil forming factors are described. One of the most influential factors ist the climate, which determines intensity and type of weathering and ensures espacially with the help of rain and water in general, among other criteria, that soil development is possible. The parent rock and litter that form the organic and anorganic source material for soils, are also important factors. Flora and fauna determine the type of litter and the intensity of soil erosion. Animal life mixes the soil or decomposes organic material. Other important factors are the time, the relief and the human influence, which is able to significantly change the properties of the soil in a very short period of time. Another soil forming is fire, which has a greater influence on soil formation than most people realise.

Inhaltsverzeichnis

Abbildungsverzeichnis

Tabellenverzeichnis

1 Einführung

Der Boden bildet die Basis für nahezu jegliches terrestrische Leben und ist selbst Lebensraum unzähliger Organismen. Nahezu überall auf dem Planeten sind verschiedenste Arten von Böden zu finden. Sie sind determinierend für die lokale Vegetation oder die landwirtschaftliche Nutzbarkeit und stellen daher, besonders für den Menschen, eine äußerst wichtige Ressource dar. Aus diesem Grund ist es überaus wichtig die Einflussfaktoren auf den Boden, dessen Entwicklung und die Prozesse, die in ihm ablaufen genau zu kennen.

Ein wichtiger Aspekt der Pedologie (Bodenkunde) bildet dabei die Entstehung der Böden. Im komplexen und dynamischen Prozess der Bodenbildung, auch Pedogenese genannt, spielen mehrere Einflussfaktoren eine Rolle, die entscheiden, wie und welche Art von Boden gebildet wird. Es ist von entscheidender Bedeutung ein tiefes Verständnis für diese Vorgänge zu entwickeln, um eine nachhaltige Bewirtschaftung des Bodens zu ermöglichen und Maßnahmen zu dessen Schutz zu ermitteln.

Diese Arbeit soll zunächst die Pedosphäre definieren und in die verschiedenen Sphären der Erde einordnen, anschließend den Prozess der Pedogenese etwas genauer beleuchten und einen zusammenfassenden Einblick in die bodenbildenden Faktoren geben, die am Prozess der Bodenbildung entscheidend beteiligt sind.

2 Die Pedosphäre

Die Pedosphäre wird in der Disziplin der Geographie definiert als die erste, mit Leben besiedelte Schicht der Erdoberfläche und liegt zwischen der Atmosphäre und tieferen Schichten von Locker- oder Festgesteinen (Lithosphäre). Abbildung 1 stellt die Einordung der Pedosphäre in die verschiedenen anderen Sphären der Erde schematisch dar. (Amelung et al. 2018:2; Gebhardt et al. 2020:480). Die Mächtigkeit dieses Horizontes ist sehr gering und beträgt maximal 50 Meter (Eitel, Faust 2013:15). Prinzipiell setzt er sich zusammen aus ca. 50% Hohlräume, 45% mineralische Stoffe und zu 5% aus organischem Material (Glaser et al. 2017:117).

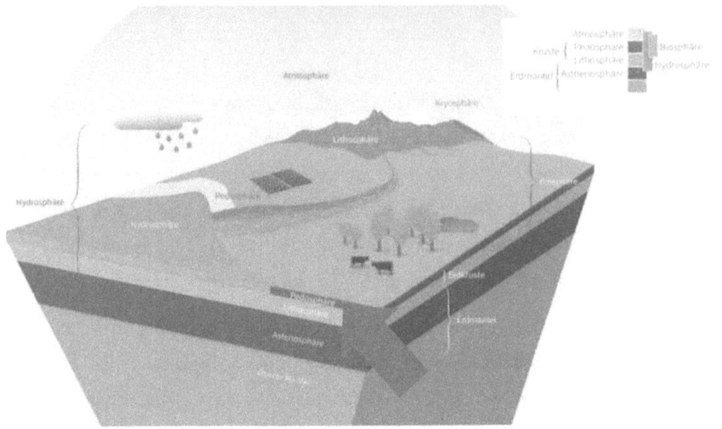

Abbildung 1: Einordnung der Pedosphäre in die Sphären der Erde

Die Pedosphäre (roter Pfeil) befindet sich zwischen Lithosphäre und Atmosphäre. Sie bildet außerdem einen Teil der Bio- und der Hydrosphäre und gehört zur Erdkruste.

Quelle: verändert nach ESKP (o.J.)

3 Pedogenese (Bodenbildung)

Während des Prozesses der Pedogenese (Bodenbildung), der meist nur äußerst langsam abläuft, wird das Ausgangsgestein zusammen mit organischen Stoffen durch verschiedene Einflussgrößen physisch oder chemisch zersetzt und in der Folge werden bodenbildende Vorgänge ausgelöst (Gebhardt et al. 2020:480; Glawion et al. 2012:373). Dazu gehören

In der Entwicklungsphase des Bodens werden charakteristische Eigenschaften wie Korngrößen, Farbe und Humusgehalt ausgebildet, die dazu verwendet werden, die unterschiedlichen Bodentypen wie z.B. Braunerde oder Podsol voneinander zu unterscheiden (Gebhardt et al. 2020:480; Glawion et al. 2012:374).

Durch ein Zusammenwirken verschiedener Umweltfaktoren, wie bspw. den Elementen Luft und Wasser, sowie Lebewesen können die unterschiedlichen Bestandteile des Erdreichs umgewandelt, abgebaut oder verlagert werden (Gebhardt et al. 2020:480).

Welcher Bodentyp sich bildet ist abhängig von der Ausprägung und der Zusammensetzung der bodenbildenden Faktoren während des Entwicklungsprozesses. Zu den wichtigsten dieser Faktoren gehören das Klima (K), das Ausgangsgestein (G), Wasser (W), Relief (R), Flora und Fauna (FF), die Zeit (Z), anthropogene Einflüsse (M) und andere Faktoren von lokaler Bedeutung wie bspw. Meersalze (…) (Gebhardt et al. 2020:480).

Der Boden ist folglich das Resultat aus dem Produkt all dieser Faktoren. Dementsprechend kann für den Bodentyp (B) folgende Gleichung aufgestellt werden:

$$B = f(K, G, R, W, FF, Z, M, ...)$$

Diese bodenbildenden Faktoren bedingen sich gegenseitig. Zudem wirken äußere Einflüsse zu jeder Zeit auf sie ein oder sie verändern sich evtl. von selbst (Goudie 2007:339). Der Prozess der Bodenbildung ist folglich sehr dynamisch und befindet sich in einem steten Wandel (Baumhauer et al 2017:291).

Abbildung 2 zeigt eine typische zeitliche Abfolge der Bodenbildung. Nach und nach entsteht der Boden aus seinem Ausgangsgestein und bildet verschiedene Schichten, die in der Pedologie als Horizonte bezeichnet werden (Glawion et al. 2012:374).

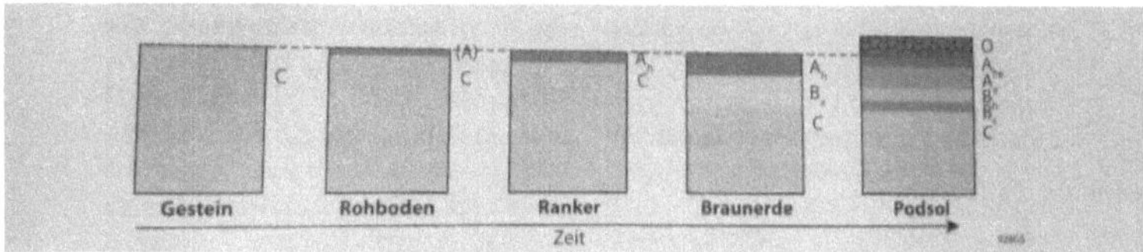

Abbildung 2: Zeitliche Abfolge der Bodenbildung in einem humiden Klima

Ein Boden entwickelt sich mit der Zeit aus seinem Ausgangsgestein. Dabei werden verschiedene Entwicklungsphasen unterschieden. Die Abbildung zeigt schmeatisch den Entwicklungsprozess eines Bodens in einem humiden Klima.

Quelle: Glawion et al. 2012:375 nach Blum 2007

4 Faktoren der Bodenbildung

4.1 Klima

Das Klima gilt als die bedeutendste Einflussgröße bei der Pedogenese und beeinflusst alle bodenbildenden Prozesse maßgeblich. Die verschiedenen global vorkommenden Bodenarten, die ähnlich der klimatischen Zonierung der Erde eingeteilt werden können, verdeutlichen den großen Einfluss des Klimas und ermöglichen so auch eine Verwendung der Böden als Archive zur Rekonstruktion von früheren Klimabedingungen (Baumhauer et al. 2017:291; Glaser et al. 2017:117).

Das örtliche Klima bestimmt entscheiden die oberflächliche Gestalt des Bodens, sowie den Charakter und die Stärke seiner Verwitterungs- oder Erosionsvorgänge (Goudie 2008:339).

Die solare Einstrahlung bildet den wichtigsten klimatische Faktor der Bodenbildung und beeinflusst das Erdreich direkt mit der Transmission und indirekt, indem sie andere Klimaparameter wie Lufttemperatur, Niederschlag, Feuchtigkeit und Wind bedingt (Amelung et al. 2018:275).

Unter dem Einfluss der Sonnenenergie steigt die Bodentemperatur, was dazu führt, dass Zersetzung, Verwitterung (insbesondere die chemische), Mineralbildung und Aktivitäten von Mikroorganismen im Erdreich verstärkt werden. Folglich laufen diese Prozesse in den solarklimatischen Tropen deutlich intensiver ab, als an Gebieten deren Strahlungsbilanz niedriger ausfällt. Bei negativen Temperaturen finden dagegen kaum mehr Verwitterungsprozesse statt, mit Ausnahme von Gebieten mit häufigen Frostwechseln, denn diese begünstigen einige Formen der physikalischen Verwitterung wie z.B. die Frostverwitterung (Amelung et al. 2018:275-276).

Niederschläge, insbesondere in Form von Sickerwasser, bilden zudem Bodenwasser, welches nötig ist, damit Lösungsprozesse und Stoffverlagerungen ermöglicht werden. Des Weiteren begünstigen sie durch Oberflächenabfluss oder Schmelzen die Erosion bzw. Denudation der Böden (Amelung et al. 2018:276).

Auch der Wind kann einen großen Einfluss auf die Intensität der Bodenerosion haben, denn er sorgt für eine gesteigerte Evaporation, was besonders in unbewachsenen Gebieten zum Tragen kommt, und fungiert darüber hinaus als Transportmedium, das Bodensubstrat teilweise über weite Strecken von tausenden Kilometern transportieren und wieder akkumulieren kann (Amelung et al. 2018:275-276; Eitel, Faust 2013:16).

Wolken und Luftfeuchtigkeit haben keinen direkten Effekt auf die Bodenbildung. Sie beeinflussen aber den Anteil der Sonnenstrahlung der auf der Erdoberfläche ankommt und sind demnach auch nicht zu vernachlässigen (Amelung et al. 2018:276).

Vor allem die solare Einstrahlung beeinflusst also maßgeblich die Intensität, mit der die Stoffe im Boden chemisch oder physisch verwittern, umgelagert oder erodiert werden (Gebhardt et al. 2020:480).

4.2 Ausgangsgestein

Böden entstehen hauptsächlich aus zuvor teilweise verwitterten Lockergesteinen wie Sedimenten, welche meist deutlich schneller entstehen und deutlich weiter in die Tiefe reichen als Böden, die sich aus Festgesteinen bilden. Diese Horizonte erreichen in Europa selten eine Tiefe über 20 cm bis 40 cm (Amelung et al. 2018:274; Baumhauer et al. 2017:291;).

Die Art und Ausprägung der Pedogenese ist somit stark von den Eigenschaften des Ausgangsgesteins geprägt, da dieses mit seinem anorganischen Material den größten Anteil des

Ursprungsmaterials von Böden bildet. Es liefert die Mineralien, die im Erdreich enthalten sind, daher ähnelt die Mineralienstruktur junger, noch schwach verwitterter Böden dem ursprünglichen Gestein oft sehr (Amelung et al. 2018:274). Auch das Gefüge und die Farbe des Bodens werden durch das Gestein determiniert (Glaser et al. 2017:118).

Es gibt allerdings auch sog. allochthone Böden, wie Löss, die nicht aus dem Material des lokalen Untergrunds bestehen, sondern z.B. durch Wind oder Wasser antransportiert wurden und somit keine Ähnlichkeit zum unterliegenden Gestein bzw. Boden aufweisen (Goudie 2007:340).

4.3   Flora und Fauna

Neben dem Ausgangsgestein bildet die sog. Streu das andere organische Ursprungsmaterial, aus dem die Böden entstehen. Streu besteht aus organischen Stoffen, das gebildet wird, wenn Pflanzen oder andere Organismen absterben (Stahr et al. 2012:65). Im Laufe der Zeit wird die Streu hauptsächlich von Mikroorganismen durch den Prozess der Humifizierung zersetzt und in Humus und mineralische Substanzen umgewandelt, was sehr bedeutend für die Fruchtbarkeit, die Durchlüftung und den Wasserhaushalt des Bodens ist (Gebhardt et al. 2020:481; Stahr et al. 2012:65; Strahler, Strahler 2009:395).

So enthalten vegetationsreiche Areale wie Wälder, mit ihren jährlich abfallenden Blättern oder Grasflächen in offeneren Landschaften oft mächtige Humusschichten (Grotzinger, Jordan 2014:442).

Die Pflanzen, die auf dem Boden wachsen, schützen ihn zudem vor starker Erosion, Deflation und anderen atmosphärischen Faktoren und entziehen ihm Nährstoffe und Wasser. (Eitel, Faust 2013:20; Gebhardt et al. 2020:481). Die Wurzeln verändern darüber hinaus mit physikalischer Verwitterung durch Wurzeldruck und chemische Verwitterung durch emittierte Säuren zusätzlich die Zusammensetzung des Bodens (Gebhardt et al. 2020:481).

Auch im Boden lebende Tiere sind ein entscheidender Faktor bei der Bodenbildung. Regenwürmer und eine große Anzahl an Insekten graben den Boden um und verteilen so organische Stoffe wie Pflanzenreste durch Nahrungsaufnahme und Ausscheidungen in den verschiedenen Horizonten. Größere Lebewesen wie Hasen, Maulwürfe und weitere Arten schaffen außerdem Makroporen und belüften so den Boden und schaffen Transportbahnen, was folglich die hydraulische Leitfähigkeit des Bodens erhöht (Strahler, Strahler 2009:395).

4.4   Relief und Schwerkraft

Ein weiterer wichtiger Faktor bodenbildender Prozesse ist das Relief, das sich mit Eigenschaften wie der Form eines Geländes, Höhe über NN oder Ausrichtung eines Hangs auf andere Faktoren wie Gravitation, klimatische Einflüsse, Lebewesen, Wasser und Gestein auswirkt. So beeinflusst die Höhenlage die umgebende Lufttemperatur und damit auch die Temperatur und den Feuchtegehalt des Bodens, was zu einer typischen Abfolge an Bodentypen mit ansteigender Höhe führen kann. Nordwärts ausgerichtete Hänge weisen eine deutlich niedrigere Strahlungsbilanz und Verwitterungsintensität auf als südexponierte. Zudem reichen die Böden der Schattenhänge meist weiter in die Tiefe. In Europa können sich auch west- und ostwärts ausgerichtete Hänge in der Bodenzusammensetzung aufgrund der vorherrschenden Westwinddrift, die Niederschläge meist aus dem Westen mit sich bringt, stark voneinander unterscheiden. Des Weiteren sorgt ein Gefälle, im Gegensatz zu einem flachen Relief, für verstärkten horizontalen Transport von Bodensubstraten, die auf diese Weise in andere umliegende Böden gelangen können (Amelung et al. 2018:277-278).

Darüber hinaus ist die Gravitation bei der Bodenbildung beteiligt, denn sie sorgt dafür, dass Bodenwasser versickern und auf diese Weise darin gelöste Substanzen in andere Horizonte transportieren kann oder verursacht Bewegungen in Hanglagen wie z.B. Solifluktion (Amelung et al. 2018:277).

Auch der Fluss des Wassers hängt von der Neigung eines Hangs ab und bestimmt somit die Intensität der Bodenerosion, die besonders in steilen Hängen ausgeprägt ist und die Transportrichtung und Ausprägung der Akkumulation von Substraten (Glaser et al. 2017:118). So weisen steile Gefälle, aufgrund stärkerer Erosion oft nur eine dünne, schwach entwickelte Bodenschicht auf, während in einem ebenen Relief Erosionsprozesse vermindert werden und durch die verstärkte Akkumulation von Wasser intensivere Verwitterung stattfinden kann. In der Folge ist es möglich, dass sich dort mächtigere Bodenschichten ausbilden (Goudie 2007:339).

Generell entwickelt sich durch die Beeinflussung von Hangneigung und -ausrichtung ein individuelles, lokales, kleinräumiges Klima, dessen Auswirkungen auf die Pedogenese teilweise stärker ausfallen können als die des vorherrschenden Großklimas (Amelung et al. 2018:277-278).

4.5 Wasser

Auch das Wasser selbst beeinflusst alle bodenbildenden Prozesse. Generell können unterschiedliche Typen des im Boden vorkommenden Wassers unterschieden werden: Es gibt Sickerwasser, Kapillarwasser, Grundwasser, Haftwasser und Stauwasser. Insbesondere wenn Wasser bspw. als Grundwasser in einer großen Menge im Erdreich vorhanden ist, prägt es die Form des Bodens durch hydromorphe Merkmale, die sich als Bleichung des Bodens oder als Rost äußern können (Oxidation). Sickerwasser ist verantwortlich für den

Transport und somit der Umverteilung von Stoffen oder der Trennung der unterschiedlichen Schichten (Gebhardt et al. 2020:481).

Je nach Intensität des Einflusses von Wasser lassen sich terrestrische (grundwasserunabhängige), semiterrestrische (grundwasserbeeinflusste) und subhydrische (Unterwasser-) Böden unterscheiden (Amelung et al. 2018:349-350; Eitel, Faust 2013:19).

Des Weiteren beeinflusst Bodenwasser in der Nähe der Erdoberfläche die Intensität der Verwitterung der Streu. Zudem verdrängt es den im Boden eingeschlossenen Sauerstoff und induziert einen anaeroben Zustand, was die Zersetzung organischen Materials durch Mikroorganismen verringert und die Entstehung von Mooren begünstigt. Hochwasser aus umliegenden Gewässern kann betroffenen Böden Mineralien und Salze zuführen und auch auf diese Weise Einfluss auf die Entwicklung des Bodens nehmen (Amelung et al. 2018:350).

Wie viel Wasser jeweils vorhanden ist hängt häufig von der Position des Bodens im Relief, des lokalen Klimas und des Bodentyps ab (Glawion et al. 2012:19).

4.6   Mensch

Der Einfluss des Menschen wurde als bodenbildender Faktor in den letzten Jahren immer relevanter. Landwirtschaftliche Aktivitäten verändern die Nährstoffzusammensetzung, die Dichte und den Aufbau des Bodens, was wiederum die Lebewesen darin und somit z.B. die Humusbildung beeinträchtigt. Zudem kann eine falsche Bewirtschaftung zur Versalzung führen, wenn der natürliche Wasserhaushalt dadurch beeinträchtigt wird. Auch der Einsatz von natürlichem oder chemischem Dünger oder die Manipulation von Relief z.B. der Bau von Terrassen zur Erosionsminderung stellt einen Eingriff dar. Der Ausstoß von Schadstoffen kann darüber hinaus die Böden z.B. mit Schwermetallen belasten oder eine Versauerung begünstigen (Eitel, Faust 2013:21).

Des Weiteren beeinflusst der Mensch auch alle anderen bodenbildenden Faktoren positiv wie negativ. Tabelle 1 zeigt, inwiefern der Mensch auf diese Faktoren Einfluss nimmt.

Tabelle 1: Einfluss des Menschen auf andere Faktoren der Bodenbildung

Übersicht von positiven und negativen Einflüssen des Menschen auf verschiedene bodenbildende Faktoren.

Faktoren der Bodenbildung	Art der Auswirkungen	Art des Eingriffs
Klima	Positiv	Be- und Entwässerung, Windschutz etc.
	Negativ	Verstärkte Umwelteinwirkungen wie Wind durch Rodung
Flora und Fauna	Positiv	Erzeugung und Kontrolle von Lebensgemeinschaften, Schädlingsbekämpfung, Zugabe organischer Substanzen
	Negativ	Ausrottung von Arten, Landwirtschaft etc.
Relief	Positiv	Neulandgewinnung, Einebnung, Erosionskontrolle
	Negativ	Absenkung z.B. durch Minen
Ausgangsmaterial	Positiv	Entsalzung, Dünger, etc.
	Negativ	Verdichtung, Entnahme von Nährstoffen
Zeit	Positiv	Verjüngung des Bodens z.B. durch Pflügen
	Negativ	Degradierung, Versalzung

Quelle: Eigene Darstellung, verändert nach Bidwell, Hole 1964

4.7 Zeit

Die Zeit hat keine direkten energetischen Auswirkungen auf den Boden, aber auch sie beeinflusst alle bodenbildenden Faktoren und bestimmt dadurch maßgeblich, wie sich ein Boden entwickelt und wie stark er sich von seinem ursprünglichen Zustand verändert. Die Dauer, die ein Boden zur heutigen Entwicklung braucht, bestimmt also auch dessen Eigenschaften (Amelung et al. 2018:352).

Das Alter des Bodens hat besonders auf dessen Tiefe einen großen Einfluss. In Europa bilden sich die Böden erst seit 10.000 -16.000 Jahren, was dazu führt, dass dort nur geringmächtige Bodenschichten von wenigen Metern Tiefe auffindbar sind. (Amelung et al. 2018:352; Baumhauer et al. 2017:291). Im Gegensatz dazu können die deutlich älteren Böden der Tropen mehrere Dezimeter Mächtigkeit aufweisen (Amelung et al. 2018:352).

Die bodenbildenden Faktoren sind durch die Zeit vielen Veränderungen unterworfen und beeinflussen den Boden auf unterschiedliche Weise. So kommt es dazu, dass eine Vielzahl

an Böden, vielfältigen Perioden der Entwicklung unterworfen war und deshalb als polyge-
netisch gelten. Fast alle Böden entwickeln sich zu Beginn und am Ende des Prozesses langsam mit einer schnelleren Phase dazwischen (Gebhardt et al. 2020:481).

4.8 Feuer

Feuer, wird oft nicht als bodenbildender Faktor genannt, ist aber ebenfalls als ein solcher
anzusehen. Der Einfluss von Feuer auf das komplette Ökosystem ist so immens, dass in
einer hypothetischen Welt ohne Brände, die geschlossenen Wälder doppelt so groß wären,
wie sie es heute sind (Bond et al. 2005).

Außerdem kann davon ausgegangen werden, dass nahezu alle Böden der Erde bereits von
mindestens einem Brand beeinflusst worden sind. Entgegen der geläufigen Meinung haben
Brände nicht nur kurzfristige, oberflächliche Einflüsse auf Böden wie eine Änderung des
pH-Werts oder der Albedo durch eine Verdunkelung. So kann Holzkohle bspw. langfristig
einen großen Anteil des Bodenmaterials ausmachen und dessen Eigenschaften stark beeinflussen. Auch der Brennrückstand Phosphor oder durch Hitze zersplitterte Steine können
das Erdreich mit Mineralien anreichern und dessen Zusammensetzung ändern. Andere Mineralien wie z.B. Maghemit werden überhaupt erst in Folge eines Brandes gebildet. Im
Gegensatz dazu wird Kaolinit, ein häufiges Tonmineral, erst bei hohen Temperaturen wie
bspw. während eines Brandes zersetzt. Die auf diese Wiese neu entstehenden Substrate
können mit der Zeit durch Sickerwasser o.ä. auch in tiefere Schichten transportiert werden
(Certini 2014).

Es gibt Böden, bei denen der Einfluss eines Feuers so immens war, dass sie pyrogene Böden genannt werden könnten, wie bspw. das Erdreich, das in Abbildung 3 dargestellt wird.
Es weist als Hauptmerkmal eine Oberschicht von verbranntem organischem Material auf,
das hauptsächlich durch Feuer entstanden ist. Äquivalent zu anthropogenen Böden eignet
sich hier die Bezeichnung als pyrogener Boden (Certini 2014).

Abbildung 3: Pyrogener Boden

Hauptmerkmal dieses Bodens ist ein oberer Horizont aus verbranntem Material. Feuer spielte für diesen Boden
als Faktor eine so große Rolle, dass er als pyrogener Boden bezeichnet werden kann.

Quelle: Certini 2014

5 Schlussbemerkung

Prinzipiell entsteht der Boden aus den in Kapitel 3 genannten Faktoren Klima, Ausgangsgestein, Flora und Fauna, Relief, Wasser, Anthropogene Einflüsse, Zeit und Feuer. Diese wirken in einem komplexen, langwierigen Prozess zusammen und bestimmen die Eigenschaften des Erdreichs, anhand derer sich die verschiedenen Bodentypen des Planeten unterscheiden lassen. Vor allem der Mensch wurde in den letzten Jahren als Faktor immer relevanter und veränderte die Zusammensetzung des Bodens in atemberaubender Geschwindigkeit. Dieser Einfluss sollte im Besonderen in nächster Zeit als Forschungsschwerpunkt in der Wissenschaft dienen, um den anthropogenen Einfluss besser zu verstehen und so einer schlechten Bewirtschaftung und Ausbeutung der wichtigen Ressource Boden entgegenzuwirken und nachhaltigen Schutz zu gewährleisten. Dies ist von fundamentaler Bedeutung, um auch in Zukunft die Nahrungsgrundlage, den Lebensraum und die Ressource Boden zu erhalten.

Literaturverzeichnis

Amelung W., Blume H. P., Fleige H., Horn R., Kandeler E., Kögel-Knabner I., Kretz-
schmar R., Stahr K., Wilke B. M. (2018): Scheffer/Schachtschabel. Lehrbuch der
Bodenkunde. 17. überarb. u. erg. Aufl., Berlin: Springer.

Baumhauer R., Kneisel C., Möller S., Schütt B., Tressel E. (2017): Einführung in die
Physische Geographie. Darmstadt: WBG

Bidwell O. W., Hole F. D. (1965): Man as a factor of soil formation. Soil Science 99(1),
65-72.

Blum W. E. (2007): Bodenkunde in Stichworten. 6., völlig neu bearb. Aufl., Berlin:
Borntraeger.

Bond W. J., Woodward F. I., Midgley G. F. (2005): The global distribution of ecosystems
in a world without fire. New Phytologist, 165(2), 525-538.
https://doi.org/10.1111/j.1469-8137.2004.01252.x

Certini G. (2014): Fire as a soil-forming factor. Ambio, 43(2), 191-195.
https://doi.org/10.1007/s13280-013-0418-2

Eitel B., Faust D. (2013): Bodengeographie. 4. Aufl., Braunschweig: Westermann.

ESKP (Earth System Knowledge Platform) (o.J.): Sphären der Erde.
https://www.eskp.de/grundlagen/schadstoffe/die-unterschiedlichen-sphaeren-der-
erde-935792/ (14.05.2024).

Gebhardt H., Glaser R., Radtke U., Reuber P., Vött A. (Hg.) (2020): Geographie. Physische Geographie und Humangeographie. 3. Aufl., Berlin: Springer.

Glaser R., Hauter C., Faust D., Glawion R., Saurer H., Schulte A., Sudhaus D. (2017):
Physische Geographie kompakt. Berlin: Springer.

Glawion R., Glaser R., Saurer H., Gaede M., Weiler M. (2012): Physische Geographie.
2., stark überarb. Aufl., Braunschweig: Westermann.

Goudie A., King L. (2007): Physische Geographie. Eine Einführung. 4. Aufl., Son-
derausg., Heidelberg: Spektrum

Grotzinger J., Jordan T. (2014): Press/Siever. Allgemeine Geologie. 7. Aufl., Heidelberg:
Springer.

Nentwig W., Bacher S., Brandl R. (2017): Ökologie kompakt. 4., korrigierte Aufl., Heidelberg: Springer Spektrum.

Stahr K., Kandeler E., Herrmann L., Streck T. (2012): Bodenkunde und Standortlehre. 2., korrigierte Aufl., Stuttgart: Ulmer.

Strahler A. H., Strahler A. N. (2009). Physische Geographie. 4., vollst. überarb. Aufl., Stuttgart: Ulmer

BEI GRIN MACHT SICH IHR WISSEN BEZAHLT

- Wir veröffentlichen Ihre Hausarbeit,
  Bachelor- und Masterarbeit

- Ihr eigenes eBook und Buch -
  weltweit in allen wichtigen Shops

- Verdienen Sie an jedem Verkauf

Jetzt bei www.GRIN.com hochladen
und kostenlos publizieren